广西八桂林木花卉种苗股份有限公司
广西壮族自治区林业科学研究院
广 西 壮 族 自 治 区 林 业 种 苗 站

金丝楠木造林与利用

詹定举　沈　云　黄伯高　梁瑞龙　　主编

U0396921

广西科学技术出版社

图书在版编目（CIP）数据

图说金丝楠木造林与利用 / 詹定举等主编 . — 南宁：广西科学技术出版社，2022.11（2024.1 重印）

ISBN 978-7-5551-1833-6

Ⅰ . ①图… Ⅱ . ①詹… Ⅲ . ①楠木—造林—研究 Ⅳ . ① S792.240.5

中国版本图书馆 CIP 数据核字（2022）第 206512 号

TU SHUO JINSI NANMU ZAOLIN YU LIYONG

图说金丝楠木造林与利用

詹定举　沈　云　黄伯高　梁瑞龙　主编

策划编辑：饶　江　　责任编辑：马月媛
装帧设计：韦娇林　　责任校对：池庆松
责任印制：陆　弟

出 版 人：卢培钊　　出版发行：广西科学技术出版社
社　　址：广西南宁市东葛路66号　　邮政编码：530023
网　　址：http://www.gxkjs.com

经　　销：全国各地新华书店
印　　刷：北京虎彩文化传播有限公司
开　　本：787 mm × 1092 mm　1/16
字　　数：112千字　　印　　张：7
版　　次：2022年11月第1版　　印　　次：2024年1月第2次印刷
书　　号：ISBN 978-7-5551-1833-6
定　　价：89.00 元

版权所有　侵权必究

质量服务承诺：如发现缺页、错页、倒装等印装质量问题，可直接与本社调换。
服务电话：0771-5842790

编委会名单

编著单位： 广西八桂林木花卉种苗股份有限公司

广西壮族自治区林业科学研究院

广西壮族自治区林业种苗站

主　　编： 詹定举　沈　云　黄伯高　梁瑞龙

副 主 编： 吴　兵　庞贞武　黄全东　谢　乐　李　娟　林建勇

编　　委（以姓氏笔画为序）：

万小菊　王永堂　王应飞　韦巧凤　韦思龟　韦炳俭　韦祥悦
区　源　文柯力　孔晓娜　叶剑武　吕华丽　朱古彬　朱定生
朱晓宁　伍家锋　刘子琪　刘永利　刘运恒　许皓哲　农丹妮
孙雪阳　苏　政　李　利　李　娟　李冬梅　李美玲　李彧德
李晓丽　李嘉诚　杨志红　吴　兵　吴君临　吴金乔　吴满芬
吴德翼　何　勇　何　磊　何东宸　何丽丽　何宣霖　沈　云
张　腾　陆　欣　陆　缅　陆慧莲　陈　娟　陈　婷　陈书权
陈丽琼　陈慧萍　林建勇　罗可馨　周小玫　周子贵　周维俞
周惠琼　冼智睿　庞贞武　赵世强　秦　丽　莫永成　莫栋文
莫猷求　徐香梅　唐　锐　唐昭鹏　黄　熠　黄子伦　黄汉宁
黄全东　黄名塤　黄丽尹　黄伯高　黄其甜　黄建桂　黄振格
梁　明　梁宁华　梁秀莉　梁政武　梁瑞龙　梁聪敏　梁薇薇
蒋　华　蒋　楠　韩吉思　覃汉夫　覃竑源　粟莉圆　程家才
曾丽兰　曾晓天　谢　乐　谢安然　蒙　萍　蒙芳萸　赖楚云
詹定举　廖金莺　廖炜祯　廖恒焕　廖尊泰　谭学标　谭懿鑫
翟卫玲　熊晓庆　颜咪咪

金丝楠木，樟科楠属乔木树种的木材商品名。金丝楠木木材纹理直而结构细密，不易变形和开裂，极耐腐；木材表面在阳光照射下金光闪闪、金丝浮现，且有淡雅幽香，为建筑、高级家具、雕刻等优良木材；木材价格昂贵。历史上，金丝楠木专用于皇家宫殿、少数寺庙的建筑和家具。现存最大的楠木殿是明十三陵中长陵祾恩殿，殿内共有巨柱60根，均由整根金丝楠木制成。

金丝楠木在我国分布范围广，木材质量好，木材价格高，民间少有利用，人工造林不多，栽培技术研究也较少。在大众印象中，金丝楠木极稀有，生长极慢。人工造林至少百年才能成材，金丝楠木人工造林极少引起人们关注。2010年开始，作者考究了全国大部分金丝楠木分布区，收集其种子，进行区域试验，发现金丝楠木种间及种内存在非常丰富的变异，如能选择好的树种、优良种源和优良采种林分，培育壮苗，科学栽培，25年内可成材，栽培经济效益极高。

本书系统介绍了楠木概念、金丝楠木及金丝楠木主要产材树种，并简单介绍楠木、细叶楠、紫楠、浙江楠、红毛山楠、乌心楠、崖楠等楠属树种的生物生态学特性、造林技术等，可供科研、教学及生产单位和相关人员参考。

本书在策划、资料收集、编著和出版过程中，得到国家级楠木良种基地融水苗族自治县国营贝江河林场、广西国有大桂山林场及福建、江西、湖南、贵州、重庆、四川、湖北等省（市）林业相关单位大力支持，在此并向它们表示衷心感谢！

主编

2022年3月

目录
Contents

第一章
楠木与金丝楠木

1.1 楠木

广义上的楠木，包括樟科（Lauraceae）楠属（*Phoebe*）、润楠属（*Machilus*）、琼楠属（*Beilschmiedia*）、赛楠属（*Nothaphoebe*）、樟属（*Cinnamomum*）、山胡椒属（*Lindera*），木兰科（Magnoliaceae）含笑属（*Michelia*）、木莲属（*Manglietia*）、观光木属（*Tsoongiodendron*）、拟单性木兰属（*Parakmeria*）、合果木属（*Paramichelia*）等多个属的树种。其中因醉香含笑（*Michelia macclurei*）最为常见，并有规模造林，人们一提起“楠木”，就会想到木兰科的醉香含笑（图 1–1）。

樟科与木兰科植物形态主要区别：①叶。樟科无托叶及托叶痕（图 1–2）；木兰科具托叶，包被幼芽，托叶脱落后在小枝上留有环状托叶痕，有时叶柄上也留有疤痕(图 1–3）。②花。木兰科花通常大型，单生，艳丽，多为优良观花树种（图 1–4）；樟科花细小，聚合成圆锥状、总状或近伞形花序（图 1–5）。③果。木兰科通常为聚合果，小果为蓇葖果，具假种皮（图 1–6 至图 1–8）；樟科为浆果或核果（图 1–9）。

图 1–1　木兰科含笑属醉香含笑小枝上的托叶痕

图 1–2　樟科楠属楠木（*Phoebe zhennan*）的小枝及叶片

图 1–3　木兰科含笑属醉香含笑的花及叶

图 1–4　木兰科木莲属香木莲（*Manglietia aromatica*）的花及叶

图 1–5　樟科楠属紫楠（*Phoebe sheareri*）的花及叶

图 1-6　木兰科含笑属醉香含笑果实及带假果皮的种子

图 1-7　木兰科含笑属观光木（*Michelia odora*）的果实

图 1-8　木兰科木莲属桂南木莲（*Manglietia conifera*）的果实及叶片

图 1-9　樟科楠属浙江楠（*Phoebe chekiangensis*）的果实

1.2 金丝楠木

据《中国主要木材名称》（GB/T 16734—1997），金丝楠木仅指樟科楠属木材，包括桢楠（现更名为楠木，*Phoebe zhennan*）、闽楠（*P. bournei*）、细叶楠（*P. hui*）、红毛山楠（*P. hungmoensis*）、滇楠（*Machilus nanmu*）、白楠（*P. neurantha*）、紫楠（*P. sheareri*）、乌心楠（*P. tavoyana*）8 种。根据韦发南等（1988）研究，滇楠被归入润楠属。

楠属主要识别要点：①叶，全缘，羽状脉；②花，小，两性，聚伞状圆锥花序，花被裂片 6 枚，直立，宿存，花后变革质或木质；③果实，浆果状核果，宿存花被片大都紧贴，少有松散或先端外倾。

千百年来，金丝楠木以其淡雅的色泽、温润的木材、天然的纹理、怡静幽远的清香，以及其洋溢的雍容大气、温华不奢、超凡迥异等特质，成为历代帝王的心之所爱、文人雅士的情之所钟。因为独有珍贵，金丝楠木在古代为皇家所专用，专用于皇家宫殿、少数寺庙的建筑和家具，如阿房宫、故宫、承德避暑山庄等基本都是用金丝楠木做成，

图 1-10　金丝楠木建筑（北京故宫）

帝王龙椅宝座也是选用优质金丝楠木制作，被誉为“帝王之木”，甚至成为权力和地位的象征。

民间谚语“食在广州，穿在苏州，玩在杭州，死在柳州”。相传，柳宗元贬到柳州做官，最后客死异乡。柳州人民为了纪念柳宗元，特意在当地订购了一口上好的金丝楠木棺材，将他的遗体殓装其中，千里迢迢运回其河东（今山西永济）老家安葬。赶了几个月的行程，运送队伍到达地点重新打开棺材时，发现柳公的遗体依然完好无损，面目栩栩如生。从那时起，柳州棺材声名大噪，达官贵人都想拥有一口上好的柳州棺材，因此有了“死在柳州”的说法。考察中我们发现，广西资源、富川有用楠木制作的棺木，广西那坡、靖西有用崖楠制作的棺木，越南北部亦用崖楠木材制作棺木。

图 1–11　金丝楠木棺木（距今 3750—3295 年，福建省博物馆）

1.3 市场流通的金丝楠木

樟科楠属、润楠属，木兰科含笑属、木莲属、观光木属等多个树种木材均具金丝状花纹。郭晶贞（2015）研究了滇楠、小果润楠（*Machilus microcarpa*）、华润楠（*M. chinensis*）的木材结构，也具金丝状花纹。陈瑞英等（2015）研究表明，小果润楠木材板面光泽度好，呈现出波光流动、色泽亮丽的“金丝”。

根据广西大学林产品质量检测中心（2010）对送检至该中心的所谓“金丝楠”的样品统计，约有90%是润楠属的一些树种和木兰科的醉香含笑、黄缅桂（*Michelia champaca*）、合果木（*M. baillonii*）、长蕊木兰（*Alcimandra cathcartii*）等树种。福建省木雕古典家具产品质量监督检验中心（2016）认为，刨花润楠（*Machilus pauhoi*）、观光木、合果木为常见的金丝楠木造假木材。根据我们对云南省西双版纳木材家具市场的考察，当地所谓热带金丝楠木，大多为合果木或香合欢（*Albizia odoratissima*）木材。

楠木、闽楠、紫楠等楠属木材具特殊的酸香味，其他木材无此气味。金丝楠木不仅具金丝状花纹，而且金丝楠木气味芳香，楠香宜人，这正是其重要的价值之一。

图1–12　木兰科含笑属黄缅桂的花及枝叶

图1–13　木兰科合果木属合果木的果实及带假果皮种子

第二章
金丝楠木主要产材树种和产材区

2.1 金丝楠木主要产材树种

根据《中国植物志》记载，楠属约有100种，都为乔木或灌木，分布于亚洲热带和亚热带地区，中国产35种。中国35种中乔木树种24种，包括利川楠（*Phoebe lichuanensis*）、披针叶楠（*P. lanceolata*）、崖楠（*P. yaiensis*）、茶槁楠（*P. hainanensis*）、山楠（*P. chinensis*）、小叶楠（*P. microphylla*）、竹叶楠（*P. faberi*）、小花楠（*P. minutiflora*）、光枝楠（*P. neuranthoides*）、乌心楠、雅砻江楠（*P. legendrei*）、长毛楠（*P. forrestii*）、红梗楠（*P. rufescens*）、粉叶楠（*P. glaucophylla*）、景东楠（*P. yunnanensis*）、大果楠（*P. macrocarpa*）、墨脱楠（*P. motuonan*）、红毛山楠、普文楠（*P. puwenensis*）、细叶楠、浙江楠、闽楠、楠木、台楠（*P. formosana*），其中为高大乔木树种的仅有山楠、大果楠、墨脱楠、红毛山楠、普文楠、细叶楠、浙江楠、闽楠、楠木9种。其他如桂楠（*P. kwangsiensis*）、黑叶楠（*P. nigrifolia*），都为灌木或小乔木，木材尚没有用途。

我们考察了国内多地金丝楠木森林资源、人工造林、木材家具市场及金丝楠木盗伐案件所罚没的木材等情况，发现金丝楠木商品材主要产材树种为闽楠，其次有楠木、细叶楠，其他有少量紫楠、白楠、浙江楠、红毛山楠、乌心楠。在广西西南部喀斯特石灰岩山地，我们发现了崖楠、石山楠（*P. calcarea*）、粉叶楠和白楠，其适应性强，在近于石漠化的石缝都能生长，尤以崖楠生长快（年胸径生长量约2 cm）、木材密度高（0.794 g/cm^3）、成材早（自然生长约20年成材），耐腐性极强，当地群众喜用作建筑、家具、棺木，可试验性栽培。

闽楠分布于福建、江西、湖南、贵州、湖北、广西、广东、浙江等地。桢楠，

1979年自闽楠分离，独立成种，仅分布于四川、重庆、贵州西北部及湖北西部。桢楠在分类特征上与闽楠极相似，在贵州西部及北部、湖南西部及南部、湖北西部，同一株树不同研究者定名不一，有称闽楠，有称桢楠或楠木。有学者比较国内多家植物标本馆标本发现，桢楠与闽楠形态特征几乎无区别，主张将闽楠与桢楠合并。我们根据调查及DNA研究，亦支持将桢楠与闽楠合并，中文名称楠木，或桢楠、闽楠。本书介绍的树种形态特征、生物生态学特性、采种育苗及造林技术主要针对桢楠与闽楠。楠木为高大乔木，分布范围广、适应性强、生长速度快、林木蓄积量高，为商品材金丝楠中最主要产材树种。

2.1.1 楠木

常绿大乔木，高可达30 m；树皮灰色，薄片状脱落；芽鳞密被黄褐色柔毛，小枝有柔毛或近无毛。叶披针形或倒披针形，长7—13（—15）cm，宽2—3（—4）cm，腹面光亮、无毛，背面被短柔毛，脉上被伸展的长柔毛，中脉在腹面下陷，侧脉10—14对。花序腋生，被黄白色柔毛。果椭圆形或长椭圆形，长1.0—1.5 cm，直径6—7 mm，宿存花被裂片紧贴果实基部。

楠木分布于福建、江西、湖南、贵州、重庆、四川及广东北部、广西北部和西北部、湖北南部、浙江南部。较耐寒亦耐热，能耐 −11 ℃低温；1年生幼苗需荫蔽环境，全光照下亦能生长，此后需充足阳光；喜湿润气候及深厚肥沃、湿润而排水良好的微酸性至中性土壤。生长快，人工栽培30年胸径约40 cm；干形通直，各地广泛人工造林。

图 2-1　楠木天然林（广西富川）

图 2-2　楠木 × 毛林混交林（重庆永川）

图 2-3　楠木（左）、细叶楠（右）叶片腹面

图 2-4　楠木（左）、细叶楠（右）叶片背面

图 2-5　楠木人工造林（四川都江堰）

2.1.2 细叶楠

常绿大乔木，高达 25 m，胸径 60 cm。树皮暗灰色，平滑；新、老枝均纤细，新枝有棱，初时密被灰白色或灰褐色柔毛，后毛渐脱落。叶椭圆形、椭圆状倒披针形或椭圆状披针形，长 5—8（—10）cm，宽 1.5—3 cm，先端渐尖或尾状渐尖，尖头作镰状，基部狭楔形，腹面无毛或沿中脉有小柔毛或嫩时全有毛，背面密被贴伏小柔毛，中脉细，腹面下陷，侧脉极纤细，侧脉 10—12 对，腹面不明显，背面明显，横脉及小脉在背面隐约可见或完全消失。花序生新枝上部，纤弱，在顶端分枝，被柔毛。果椭圆形，长 1.1—1.4 cm，直径 6—9 mm；宿存花被片紧贴。

产于四川、云南北部、陕西南部及贵州西部，在四川西部各地较为常见，常与楠木混生，形态特征也较为相似，四川称“细叶桢楠”或“小叶楠”，并认为木材材性优于楠木，可规模发展。根据我们多地考察，细叶楠材性与楠木相似，但生长速度约为楠木 1/3—1/2，仅适应温凉湿润环境，稍干旱坡地生长速度明显降低，不适于规模发展。四川、贵州有少量商品材产出。

图 2–6　细叶楠叶片

外表形态上，楠木枝粗短；叶聚生枝顶，叶先端渐尖，叶侧脉明显，横脉及小脉多而密，在叶背结成十分明显的网格状；种子稍小，千粒重约 294.3 g。细叶楠新老枝条极纤细并伸长；叶先端尾状渐尖，叶侧脉极细，横脉及小脉在叶背隐约可见或完全消失；种子千粒重约 368.1 g。

图 2-7 街道绿化的细叶楠（树龄 20 年，四川泸县）

2.1.3 紫楠

图 2-8 紫楠果穗

常绿大灌木至乔木，高 5—15 m。全体各部密被黄褐色或灰黑色的绒毛或柔毛。叶革质，倒卵形或椭圆状倒卵形，少为倒披针形，长 7—27 cm，宽约 7 cm，先端急渐尖或急尾状渐尖，腹面无毛或沿脉上有毛，背面密被黄褐色长柔毛，少为

图 2-9 紫楠（湖北武汉）

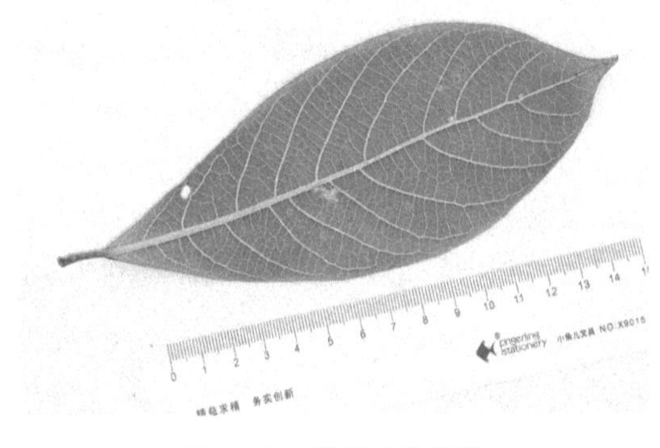

图 2-10 紫楠叶片背面

短柔毛，中脉和侧脉在腹面下陷，侧脉8—13对，横脉多而密集。果卵形，长约1 cm，成熟时表面无白粉，果柄不增粗或微增粗，宿存花被裂片多少松散，不紧贴果实基部。

紫楠，分布范围与楠木相当，产于长江流域及以南地区，广西资源、贵港平天山都见零星生长。较耐寒，能耐 −11 ℃低温；喜阴，喜湿润气候，喜深厚肥沃、湿润而排水良好的微酸性和中性土壤。生长稍慢，干形稍弯曲，少有人工造林。

2.1.4 浙江楠

高大乔木，树干通直，高达20 m；树皮淡褐黄色，薄片状脱落。小枝有棱，密被黄褐色或灰黑色的柔毛或绒毛。叶革质，倒卵状椭圆形或倒卵状披针形，少为披针形，长7—13（—17）cm，宽3—5（—7）cm，先端突渐尖或长渐尖，基部楔形或近圆形，腹面初时有毛，后变无毛或完全无毛，背面被灰褐色柔毛，脉上被长柔毛，中、侧脉腹面下陷，横脉及小脉多而密，背面明显，密被黄褐色绒毛或柔毛。果椭圆状卵形，长1.2—1.5 cm，宿存花被片革质，紧贴。

产于浙江西北部和东北部、福建北部、江西东部。耐寒，干形直，浙江有规模栽培。

图 2-11 浙江楠（浙江庆元）

图 2-12 浙江楠叶片背面

图 2-13　浙江楠果实

2.1.5 红毛山楠

大乔木，高达 25 m。小枝、嫩叶、叶柄及芽均被红褐色或锈色长柔毛；1 年生小枝粗壮，中部直径 4—6 mm。叶革质，倒披针形、倒卵状披针形或椭圆状倒披针形，长 10—15 cm，宽 2.0—4.5 cm，先端钝头、宽阔近于圆形或微具短尖头，基部渐狭，腹面无毛有光泽或沿中脉有柔毛，背面密或疏被柔毛，脉上被绒毛，中脉粗壮，在腹面下陷或平坦，在背面明显凸起，侧脉 12—14 对，在背面特别明显，横脉及小脉细，在背面明显；叶柄长 8—27 mm。圆锥花序生于当年生枝的中、下部，长 8—18 cm，被短或长柔毛，分枝简单；花长 4—6 mm。果椭圆形，宿存花被裂片与花被管的交接处强度收缩成 1 个明显关节。花期 12 月，果期翌年 6—7 月。

分布于广西、海南，越南北部也有生长。资料记载，广西平果、十万大山有自然生长，然而我们多次考察仅在广西防城港市防城区发现成年植株 1 株。红毛山楠耐高温、干旱环境，适应性强，生长快，1 年生播种苗苗高可达 1 m，可在中国北热带及热带地区推广。

图 2-14　红毛山楠播种苗（苗龄半年，海南乐东）

图 2-15　红毛山楠叶序

图2–16　红毛山楠（广西防城港市防城区）

2.1.6 乌心楠

乔木，高 12 m。全株密被柔毛。叶干后为栗色，披针形或椭圆状披针形，长 9—22 cm，宽 2.5—5.5 cm，先端尾状渐尖，基部渐狭并下延，背面初时密被灰白色或灰褐色长柔毛，后变短柔毛，脉上仍有疏长柔毛，中脉和侧脉在腹面凸起，侧脉细，10—15 对；叶柄长 0.8—2.0 cm。圆锥花序多个，生于新枝上部叶腋内，长短变化较大，通常长 9—16 cm，少数可达 25 cm，在顶端分枝，总梗及各级序轴均密被黄灰色柔毛。果椭圆状倒卵形或椭圆形，长约 1.2 cm；果梗短，增粗；宿存花被片紧贴，两面被毛或外面近无毛。花期 12 月，果期翌年 6—7 月。

分布于广西、海南、云南，印度、缅甸、老挝、泰国、柬埔寨、马来西亚和印度尼西亚也有生长。资料记载，广西博白、防城、宁明有分布，但我们多次野外考察，未见分布。海南乐东、东方等干热地区常见，当地利用乌心楠木材加工工艺品，花纹亮丽。乌心楠极耐旱，木材极耐腐，有一定栽培价值。

图 2–17　乌心楠植株及树雕（海南东方）

图 2-18 乌心楠花序

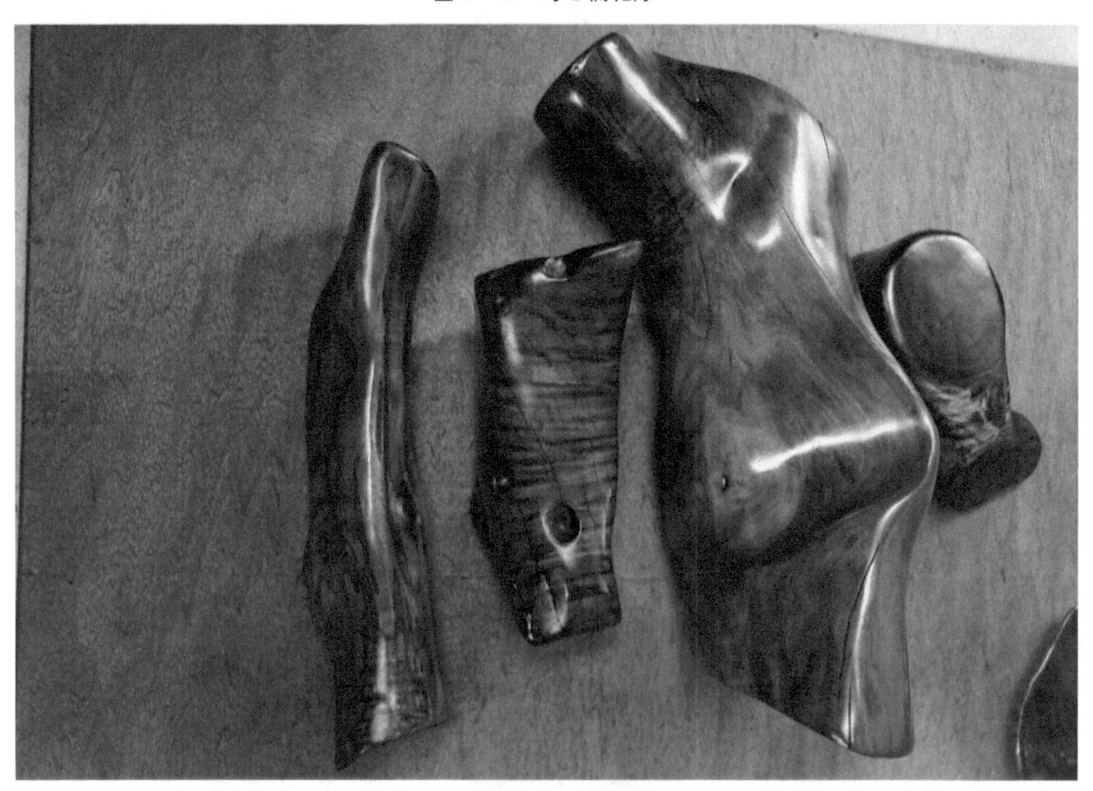

图 2-19 乌心楠木材

2.1.7 崖楠

常绿乔木，高约 10 m。小枝无毛，老枝有明显的叶痕和皮孔。叶披针形、椭圆形或椭圆状披针形，长 7—13（—15）cm，宽 2—4 cm，先端渐尖或尾尖，两面无毛或背面有微柔毛；中脉、侧脉在两面凸起，侧脉 6—7 对，网脉极细。果椭圆形，长 0.7—1.3 cm，宽 5—6 mm；宿存花被片卵形，革质，先端钝，外面无毛，内面有灰褐色柔毛，紧贴。

崖楠生长于海南及广西西南部，越南北部亦有分布。崖楠在海南仅零星生长于山地酸性土上，在广西主要自然生长于靖西、那坡喀斯特石灰岩山地杂木林中。林地内岩石裸露，土层浅薄，近于石漠化生境，自然环境恶劣，但崖楠根系盘缠于石缝深处，仍能旺盛生长成林，为群落优势树种，局部地段可形成崖楠单一树种天然林。崖楠天然更新能力强，天然落种于岩缝、丢荒农地上，能依靠其耐干旱瘠薄、生长速度快的

图 2-20　崖楠果穗

特点，迅速生长，占据生长空间。调查中我们发现，在几乎无土壤的石穴中，依靠微地形的天然积水，崖楠能发芽生长，细小根系几乎布满石穴表面。广西靖西市安宁乡一石山下部土壤稍厚处，村民全铲杂草，翻垦土地，栽植桉树，由于疏于管理，林下杂灌较多，崖楠依靠附近母树天然下种，快速生长，约 7 年时间形成复层林分，上层为桉树，中层为崖楠，崖楠树高约 6 m，约达桉树树高 2/3。崖楠生长快，成材早，根据走访调查和树干解析，在近于石漠化的岩缝中天然更新崖楠胸径年生长量 1.5—2.3 cm，15—20 年可采伐利用。

崖楠不仅耐瘠薄，生长快，且木材密度大，气干密度为 0.794 g/cm^3，为目前已知金丝楠木木材中密度最大的一种。在广西靖西、那坡及相邻的越南北部地区，自古有利用崖楠木材的习俗，喜作建筑、家具、农具及棺木等用。

图 2–21　崖楠天然林（广西靖西）

图 2-22　崖楠天然林（广西靖西）

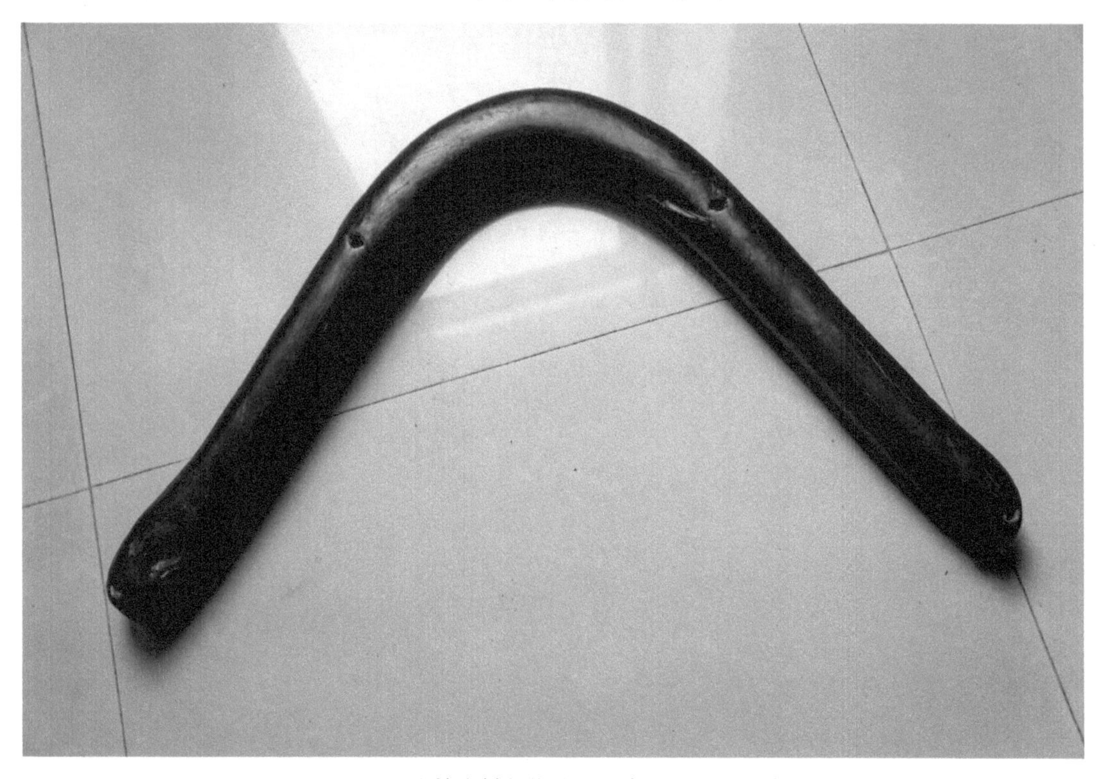

图 2-23　崖楠木材制作的农具牛轭（广西那坡）

图 2-24　生长于石缝中的崖楠（广西靖西）

图 2-25 桉树人工林下天然更新的崖楠（广西靖西）

2.2 楠木易混淆树种

2.2.1 白楠

大灌木至乔木，通常高 3—14 m。小枝初时疏被短柔毛或密被长柔毛，后变近无毛。叶革质，狭披针形、披针形或倒披针形，长 8—16 cm，宽 1.5—4（—5）cm，先端尾状渐尖或渐尖，基部渐狭下延，极少为楔形，腹面无毛或嫩时有毛，背面绿色或有时苍白色，初时疏或密被灰白色柔毛，后渐变为仅被散生短柔毛或近于无毛，中脉腹面下陷，背面明显突起，横脉及小脉略明显。果卵形，长约 1 cm，径约 7 mm；宿存花被片革质，松散，有时先端外倾。

产于江西、湖北、湖南、广西、贵州、陕西、甘肃、四川、云南。白楠适应性强，石灰岩钙质土、酸性土上都有生长，但种内具较丰富变异。广西那坡县石灰岩山地的一株白楠古树，胸径近 130 cm，树高 22 m，树干通直；广西田林县岑王老山，白

图 2-26　白楠（广西那坡）

图 2-27　白楠人工造林（树龄 3 年，广西融水）

楠与楠木混生，白楠多为小乔木，处原始林中下层，树干多弯曲；广西融水某林场 2013 年从江西九江调入楠木商品种育苗，后发现为白楠，灌木状，无主干，3 年即开花结实。

白楠木材与楠木木材材性相近，产区群众常将其混用。

2.2.2 光枝楠

常绿大灌木至小乔木，高 11 m。小枝有棱，干时黑褐色或褐色，几无毛。叶薄革质，倒披针形或披针形，长 10—14（—17）cm，宽 2—3（—4）cm，先端渐尖或长渐尖，基部渐狭，有时下延，腹面完全无毛，背面近于无毛或被贴伏小柔毛，通常为苍白色；中脉在腹面下陷，至少下半部下陷，侧脉纤细，在腹面不明显，背面明显，每边 10—13（—17）条，斜展，在叶缘网结，横脉及小脉极细，在背面稍明显或完全不可见；叶柄细，长 1.0—1.7 cm，无毛。

光枝楠外观形态易与楠木、细叶楠混淆，光枝楠为大灌木至小乔木，生长慢，栽培价值低，采种稍不注意，易造成损失。光枝楠小枝、叶柄及叶脉上秃净无毛，叶背灰白色，可与楠木、细叶楠明显区别。

光枝楠产于陕西、四川、湖北、贵州、湖南、广西。在四川省峨眉山市，当地将楠木分为3类，即大叶、中叶和小叶，实则分别为光枝楠、楠木和细叶楠。

图2-28 光枝楠叶序

2.3 金丝楠木主要产材区

中国对金丝楠的利用超过3000年历史。由于交通条件限制，中国金丝楠木最早采伐利用的是江南地区，此后到达中南地区，直到明清时期才采伐西南地区金丝楠木。汉晋时期（公元前206年至公元420年）许多史籍都对南方的金丝楠木有较多的记载，特别是对江南地区。2000多年前，司马迁（约公元前145年至公元前90年）《史记·货殖列传》称江南地区出产金丝楠木，而未记载当时的西南地区出产金丝楠木。

唐宋时期（618 年至 1279 年），江南金丝楠木资源枯竭时，中南地区金丝楠木开始被大量开发利用。据文献记载，南北朝时陈文帝（522 年至 566 年）便用湘州（今湖南大部、广东与广西北部及湖北南部）盛产的巨楠造了二百多艘战船。815 年柳宗元（773 年至 819 年）被贬到广西柳州，最后客死他乡。柳州百姓感念他的恩德，为他打造了一口上好的金丝楠木棺材，将他送回家乡安葬。由于柳公家在河东解县（今山西运城西南），路上花费了几个月的时间。当人们将他送到家乡重新装殓遗体时，却发现柳公面目完好无损，于是柳州棺材的质量在民间便传开了，达官贵人纷纷以拥有一口上好的柳州棺材为荣。柳州棺材从此声名大噪，因此有了"死在柳州"的说法。

明清时期（1368 年至 1911 年），金丝楠木被作为"皇木"进行采办。《群芳谱》（1621 年）就记载了当时商人在湖南、贵州、四川等地采办金丝楠木大规模"编筏而下"运往江南的情况。《钦定大清会典》记载："凡修建宫殿所需物材、攻石、炼灰皆于京西山麓，楠木采于湖南、福建、四川、广东"。说明清朝时，福建、广东、湖南等地仍产金丝楠木。

贵州黔东南清水江历史上木材满江，到辛亥革命（1911 年至 1912 年）才废除"皇木"征集。贵州黔东南所采集的"皇木"从清水江起航，下沅江，过洞庭，沿长江，北上大运河抵京。

广西为金丝楠木主要产材区和"皇木"重要采办地。据文献记载，明清时期，广西采办的金丝楠木"皇木"，沿漓江，过灵渠，入湘江，沿长江，北上大运河抵京。

第三章

金丝楠木生物生态学特性

3.1 生物学特性

金丝楠木为楠属中的乔木树种，因树种不同，树体大小有别，其中以楠木树体最大，常见大树。贵州思南县青杠坡镇四野屯千年楠木，胸径 284 cm，树龄 1300 年；广西荔浦市新坪镇黄竹村千年楠木，胸径 197 cm，树龄 1050 年。

不同树种、不同地区，金丝楠木生物学特性相差较大。以楠木为例，一年抽梢 3 次，即冬芽—春梢、春芽—夏梢、夏芽—秋梢。春梢 2—3 月，夏梢 5—6 月，秋梢 9—10 月。据陈建毅（2014）在福建将乐对楠木 4 年生幼林连续 3 年观测发现，楠木春梢生长量 14.7 cm，占全年高生长 23.22%；夏梢生长量 23.0 cm，占全年高生长 36.34%；秋梢生长量 25.6 cm，占全年高生长 40.44%。春梢生长量最小，夏梢生长量略小于秋梢。不同年度，由于气候等因素，生长量有较大差别。水肥条件较好或当年气候温暖会出现 4 次抽梢。

大部分金丝楠木花芽形成在 4 月中旬至 5 月上旬，开花在 4 月下旬至 5 月中旬，幼果形成在 5 月中旬至 5 月下旬，种子成熟在 10 月中旬至 12 月下旬。不同年度稍有差别，前后相差在 10 天以内。4—5 月为金丝楠木生长的关键时期，需对此进行相关的抚育管理。而在海南，红毛山楠、乌心楠 12 月开花，6—7 月果实成熟。

图 3–1　楠木（树龄 1050 年，广西荔浦）

多数金丝楠木树种结实存在明显大小年现象，通常 1 个大年，1 个不结实年，1 个少量结实年。金丝楠木种子寿命较短，不耐贮藏。种子活力受时间和贮藏方式影响较大。金丝楠木育苗所需种子必须适时采摘，避免种子落地后发霉，影响发芽力。采收的种子，要采取湿沙贮藏，减缓老化程度。

3.2 生态学特性

3.2.1 温度

金丝楠木对温度适应范围因树种而异。金丝楠木规模栽培种楠木，对气候适应性较强。自然生长范围北部的湖北来凤年平均气温 16.0 ℃，最冷月平均气温 4.0 ℃，极端低温 −9 ℃，冬季有冰雪，楠木生长良好；百福司镇舍米湖村有面积约 20 hm^2 的楠木天然林群落。南部的广西富川年平均气温 19.1 ℃，最冷月平均气温 8.6 ℃，最热月平均气温 28.5 ℃，冬季有短期冰雪；朝东镇蚌贝村生长有面积约 10 hm^2 楠木林。西部的重庆江津年平均气温 18.0 ℃，最冷月平均气温 7.9 ℃，最热月平均气温 28.2 ℃，冬季偶有霜雪，夏季酷热。根据有关统计资料，近 50 年来，重庆每年夏季极端平均高温约为 39 ℃，高于 35 ℃天数更是达到每年平均 31 天，高于 38 ℃天数达到 6 天，2006 年极端高温曾经达到了惊人的 44.1 ℃，但江津区塘河镇广布楠木，几乎每个村屯都有自然生长的楠木。

近几年，楠木已被南方各地引种，实际栽培范围大大突破自然生长范围，生长普遍较好。北热带的广西高峰林场（广西南宁）、中国林业科学研究院热带林业实验中心（广西凭祥），3 年生楠木人工林平均树高在 2.5 m 以上。由此说明，适度高温对楠木生长影响不大，但低温常造成楠木冻害，尤其在苗期。广西全州、湖南江华、广西乐业人工培育的 1 年生小苗，常因霜冻造成叶片及嫩梢冻死，但 2 年生苗木及山地造林未见冻害。

图 3-2　受霜冻的楠木苗木（1 年生苗，广西全州）

细叶楠、紫楠、浙江楠喜温凉气候，耐低温、惧高温。细叶楠自然分布于四川、云南北部、陕西南部和贵州西部，引种栽培于夏季酷热的重庆永川、湖南衡山、广西贺州等地，生长不良。紫楠产于长江流域及以南地区，在广西，自然生长于海拔600 m以上温凉山地。浙江楠自然生长于浙江西北部及东北部、福建北部、江西东部，气候温凉。红毛山楠、乌心楠、崖楠自然分布于海南、广西南部，越南亦有生长，耐热。

3.2.2 水分

金丝楠木喜湿润环境，自然生长区年降水量1000—1800 mm，但不耐长期积水，未在溪水中发现自然生长的金丝楠木。我们考察中发现，在山谷中、水沟旁常见自然生长的金丝楠木大树、古树。

金丝楠木多数树种耐干旱，在湖北来凤、贵州思南、湖南沅陵等近于石漠化的喀斯特石灰岩山地和紫色砂页岩土壤，常见自然生长的楠木天然林，甚至在近于石漠化的喀斯特石灰岩灌丛中见有天然更新的楠木小苗；在海南西部东方、乐东等地，处五指山西侧，受大地形影响，当地春季极度高温干旱，红毛山楠、乌心楠广泛分布。崖楠在广西自然生长于近于石漠化的石灰岩缝隙，生长良好。但金丝楠木中的细叶楠、紫楠、浙江楠耐旱能力低，自然生长环境为肥沃湿润地。

图3-3　喀斯特石灰岩生长的楠木（贵州思南）

图3-4　喀斯特石灰岩生长的崖楠（广西那坡）

3.2.3 光照

金丝楠木对光照反应较为特别。多数金丝楠木树种第1年需光量较低，此后需光量迅速增加，大约至第3年开始全光照环境树木生长量最大。自然环境下，母树树冠下常见密布金丝楠木小苗，但高度不足 20 cm，罕见苗高超过 30 cm。金丝楠木母树不远的林间空地、裸地、农地旁等光线较好的地段，常见稀疏生长高度 1—3 m 的幼树。

图 3-5　毛竹 × 楠木林下楠木幼苗（林分闭度 0.9，湖南永顺）

图 3-6　林缘天然更新的楠木（广西资源）

邹惠渝（1997）研究表明，在满足湿度情况下，处于光照水平较高条件的楠木，其幼苗、幼树生长更为茁壮。范辉华等（2016）对楠木生理光合特性研究表明，3 年生楠木存在“午休”现象，光饱和点较低。吴载璋等（2004）对楠木成林研究表明，楠木随着林龄增长对光照要求增大，成林需要全光照。楠木早期是耐荫的，需要比较耐荫的生长环境。在育苗时，采取适度遮阴处理是提高苗木质量的重要手段。

3.2.4 土壤

金丝楠木对土壤要求多样化。楠木在花岗岩、石英砂岩、页岩、板岩、砂岩、第四纪红色黏土发育的酸性红壤、黄壤及黄红壤，石灰岩发育的棕色石灰土，紫色砂页岩发育的紫色土上都能生长。崖楠自然生长地有石灰岩发育的棕色石灰土、玄武岩发育的酸性砖红壤。红毛山楠、乌心楠主要见于酸性砖红壤和赤红壤。自然生长的细叶楠、紫楠、浙江楠仅见于黄壤、黄红壤等微酸性土壤。

金丝楠木对土壤松紧度要求较为严格，金丝楠木天然林普遍生长在疏松土壤上。人工造林，采用大穴整地（规格 50 cm × 50 cm × 30 cm 以上）加扩穴抚育，能显著促进幼林生长。

图 3–7　生长在酸性红壤的楠木（重庆永川）

图 3-8　生长在棕色石灰土的崖楠（广西靖西）

图 3-9　生长在酸性玄武岩砖红壤的崖楠（海南三亚）

3.2.5 群落

金丝楠木为热带、亚热带常绿阔叶林主要建群种，多地见以金丝楠木为优势种的天然林群落。但金丝楠木亦喜较强光，在多种次生林或灌木林中亦见金丝楠木植株。不同地区，与金丝楠木混生树种不同。福建沙县罗卜岩自然保护区天然楠木林，主要混生树种有喜树（*Camptotheca acuminata*）、赤杨叶（*Alniphyllum fortunei*）、亮叶桦（*Betula luminifera*）、台湾冬青（*Ilex formosana*）、浙江楠、刨花润楠、细枝柃（*Eurya loquaiana*）等。湖南永顺杉木河林场楠木林主要混生树种有利川润楠（*Machilus lichuanensis*）、宜昌润楠（*M. ichangensis*）、杉木（*Cunninghamia lanceolata*）、毛竹（*Phyllostachys edulis*）等。广西富川朝东镇楠木林，主要混生树种有木荷（*Schima superba*）、苦槠（*Castanopsis sclerophylla*）、笔罗子（*Meliosma rigida*）、老鼠矢（*Symplocos stellaris*）、锥（*C. chinensis*）、马尾松（*Pinus massoniana*）等。广西资源河口乡楠木散生于当地杉木人工林、毛竹人工林或马尾松次生林中。重庆江津区楠木林主要混生树种有樟（*Cinnamomum camphora*）、慈竹（*Bambusa emeiensis*）、大叶慈（*Dendrocalamus farinosus*）、毛叶榄（*Canarium subulatum*）等。四川省峨眉山市楠木林主要混生树种有细叶楠、光枝楠等。

图 3–10　杉木 + 毛竹 + 楠木林（湖南永顺）

图 3-11　毛竹 + 楠木林（湖南永顺）

图 3-12　楠木 + 木荷 + 苦槠林（广西富川）

图 3-13 慈竹 + 楠木 + 樟树林（重庆江津）

3.3 生长规律

3.3.1 苗期生长规律

金丝楠木苗期生长总量因树种、育苗环境、育苗技术及采种母树种源 / 群落的差异而相差甚远。以楠木为例，2015 年前全国各地 1 年生楠木苗高通常约 20 cm，个别单株苗高可达到 30 cm。近年来，由于采取了轻基质、透气的无纺布育苗袋、圃地适度遮阳及科学的集约水肥管理技术，苗木生长量已有大幅度提高，1 年生苗高通常在 30—40 cm，个别单株苗高甚至超过 60 cm。

我们对楠木 1 年生苗生长节律的研究表明，苗高、地径生长节律均呈现“慢—快—慢”的“S”形趋势，生长高峰期出现在 7 月下旬至 10 月下旬。采用有序聚类分析法，结合苗木生长特性，楠木苗高和地径生长可划分为出苗期、生长初期、速生期和生长后期 4 个阶段。苗高速生期约 90 天，净生长量占全年生长量 55% 以上，地径速生期净生长量占全年生长量 34%—48%。

3.3.2 林分生长规律

不同树种、不同地区、不同立地、不同经营水平下，金丝楠木林分生长水平相差极远，树木生长规律亦不同。以楠木为例，楠木年龄 10 年内树高年平均生长量 0.40—1.38 m，胸径年平均生长量 0.41—1.08 cm，生长水平相差甚远。究其原因，主要由经营水平不同造成。如融水苗族自治县国营贝江河林场（简称“贝江河林场”）采用 2 年大袋苗 + 大穴整地（50 cm × 50 cm × 30 cm）+ 扩穴抚育，4 年生平均树高 5.5 m、平均胸径 4.3 cm；而同气候带的广东乐昌龙山林场，采用 1 年生小袋苗等常规造林技术，7 年生平均树高 4.0 m、平均胸径 3.9 cm，树高、胸径平均年生长量仅为贝江河林场的 41.56% 和 51.83%。

楠木具有速生的优点，湖南永州金洞管理区利用楠木庭院绿化，年龄 32 年，树高 18.0 m、胸径 47.4 cm；广西富川朝东镇楠木天然林，年龄 50 年，平均树高 20.2 m、平均胸径 35.9 cm。

崖楠，广西那坡县喀斯石灰岩石缝中，胸径年生长量 1.5—2.3 cm，15—20 年可采伐利用。

图 3-14 楠木人工造林（广西融水）

图 3-15 楠木四旁植树（湖南永州金洞管理区）

第四章 金丝楠木良种资源

金丝楠木商品材树种多，包括楠木、紫楠、浙江楠、红毛山楠、乌心楠、崖楠等，分布范围十分广泛，亚热带、热带地区都有分布，包括福建、江西、湖南、贵州、重庆、四川、湖北、浙江、广东、广西、海南、云南等十几个省（区、市）。但金丝楠木天然林群体十分有限，现存野生植株多为零星生长，甚至为孤立生长的古树。

4.1 基本情况

分布范围广泛，使得金丝楠木存在十分丰富的遗传变异，包括种源、群落（林分）、家系、个体间的变异。根据我们进行的楠木群体 / 家系 DNA 遗传多样性分析，10 个多态引物共检测到 175 个位点，其中多态位点 142 个，多态性比率为 81.14%；遗传多样性指数分析显示，楠木种群有效等位基因数 Ne=1.4409，Nei's 基因多样度 h=0.2574，Shannon's 多样性指数 I=0.3885，说明楠木在基因水平上的遗传多样性较高。总种群基因多样度 Ht 为 0.2562，种群间基因多样度 Dst 为 0.1368，种群内基因多样度 Hs 为 0.1194，基因分化系数为 Gst 为 0.5339，种群间产生遗传分化较种群内强烈。

金丝楠木虽称“皇木”，但对其良种选育时间较短。现有研究多处在种质资源收集保存、种源 / 家系选择试验、采种母树林建立阶段，嫁接技术尚待突破，实生种子园建设正处于起步阶段，审定认定良种较少。对红毛山楠、乌心楠、崖楠的遗传、育种尚缺乏研究。目前，广西融水贝江河林场建立了广西优良种源楠木种子园和四川盆地东部种源楠木种子园 2 个楠木实生种子园，广西靖西建立了国家级崖楠种质资源原址保存库。广西富川楠木采种母树林种子、福建政和东平楠木母树林种子、重庆永川楠木采种母树林种子分别获得当地省（区）级林业主管部门林木良种认证。

4.2 富川楠木采种母树林种子良种

由广西壮族自治区林业科学研究院（简称“广西林科院”）、贝江河林场共同选育的富川楠木采种母树林种子良种（良种编号桂 R-SS-PB-001-2021），具有以下特征：①枝细，2 年生以内枝条粗度不足 1 cm；②分枝夹角小，分枝角度 20°—50°；③树冠窄，3 年生幼树树冠宽度在 1.5 m 左右；④叶片细，椭圆形，长 4—8 cm，宽 1—3 cm；⑤生长快、适应性强。人工造林 3 年生平均树高 3.22 m，平均胸径 2.58 cm。贝江河林场 2018 年营造的 7 省份 24 个母树林（种源）种质资源保存林，采用 2 年生大袋苗造林，造林 3 年，不同母树林（种源）闽楠木生长差异显著。生长最好的是富川楠木采种母树林种子子代，与参试的 24 个采种母树林（种源）子代比较，平均树高提高 24.32%，平均胸径提高 21.13%。与最差母树林子代（福建三元种源）比较，富川闽楠采种母树林子代平均树高提高 51.17%，平均胸径提高 70.86%。富川闽楠采种母树林种子良种已在广西范围内规模推广造林。

图 4-1　楠木良种（桂 R-SS-PB-001-2021）群落外貌

图 4-2 楠木良种（桂 R-SS-PB-001-2021）群落

图 4-3 楠木良种（桂 R-SS-PB-001-2021）叶片

图 4-4　楠木良种（桂 R-SS-PB-001-2021）（左）叶片与重庆江津楠木叶片（右）比较

图 4-5　楠木良种（桂 R-SS-PB-001-2021）大袋苗（2 年生，广西融水）

图 4-6 楠木良种（桂 R-SS-PB-001-2021）人工林（3 年生，广西柳州）

图 4-7 楠木良种（桂 R-SS-PB-001-2021）人工林（5 年生，广西融水）

4.3 国家级靖西崖楠种质资源原址保存库

国家级靖西崖楠种质资源原址保存库，为2022年1月20日由国家林业和草原局批准建立的国家级林木种质资源库，建于靖西底定省（区）级自然保护区范围内。1932年在海南崖县（今海南三亚市）由我国国立中山大学农林植物研究所左景烈、陈念劬先生最早采集到的崖楠植物标本，分别藏于中山大学标本馆、中国科学院华南植物园标本馆、广西植物研究所标本馆、哈佛大学标本馆、纽约植物园标本馆。1964年，广西植物研究所李树刚教授鉴定其为新种，并以产地县名为其命名为崖楠。

在海南崖县，自采集崖楠标本以后，直至2020年，再无新的标本采集记录和调查记录。1984年5月，崖县改设为三亚市，再说起崖县、崖楠的关系，连当地林业部门也不太清楚，很多人甚至不知道这个树种了。时隔最早采集崖楠模式标本88年，2020年12月，我们特意前往三亚市崖楠模式标本采集地三亚南山岭，见到了自然生长的崖楠。

在广西边境靖西，广西植物研究所高锡朋教授于1935年，广西大学李治基教授于1956年，广西药用植物园吕惠珍教授于2014年先后采集到崖楠标本，此外再无其他相关报道。2019年，在对广西进行的林草种质资源调查中，我们发现在靖西、那坡喀斯特石灰岩山区，崖楠随处可见，且长势良好。作为当地石灰岩森林主要树种，在近于石漠化的立地上，崖楠在石缝中自然生长，20年成材。

崖楠木材优良，在广西靖西、那坡及邻近的越南北部地区，百姓喜欢用作建筑、家具及棺材等材料，已成为一种传统。当地木质建筑框架多用崖楠木材，因为崖楠木材具有不腐无虫蛀、抗压能力强等特点。百年老房屋拆下的旧料，亦未见虫腐和变形。山区群众将拆下来的百年老屋崖楠木料，珍藏于家中，待作他用；有的按重量售卖，极其珍贵。

第五章
金丝楠木采种

5.1 种源选择

建议选择当地或稍南、稍西部种源采种，禁止从造林地北部跨区域调种。种源地与造林地地理位置跨度太大，气候条件相差太大，会存在冻害、夏季伏旱、台风等适应性问题。考察中我们发现，楠木南部种源种子调入浙江庆元，幼树越冬困难，大部分被冻死。

广西自2016年开始，大量从重庆江津采收楠木种子，子代生长良好。在广西融水、南宁培育苗木，冬季气温远高于原产地重庆，当日平均气温高于15 ℃且持续1周时，楠木嫩芽萌发，而明显区别于其他种源。

图5-1　重庆江津种源楠木（冬季，广西融水）

5.2 采种林分选择

优先选择人工种子园的种子，若未建立种子园时可在优良天然林内采种，决不可采收零星母树、孤立木母树的种子，或在人工林内采种。

广西林科院和贝江河林场合作，在融水建立广西优良种源楠木种子园和四川盆地东部种源楠木种子园2个楠木实生种子园，预计2026年正式投产。

5.3 采种母树选择

林木遗传存在种源—林分（群落）—家系—个体4个层次的变异。我们对楠木进行的连续4年种源/家系试验表明，楠木种源间、群落间及群落内个体间存在丰富变异。金丝楠木采种，应选择优良单株采种，不能从干形差的个体上采种。

5.4 种子收集与处理

金丝楠木树种不同，种子成熟期不同。多数树种种子于10月下旬至12月下旬成熟，红毛山楠、乌心楠种子6—7月成熟。当果实由青色转变为蓝黑色时，即可采集。用竹竿击落或地面拾捡果实。采回后，将果实放在竹箩内搓去果皮，清水漂洗干净，铺于地面，晾干种子表面水分，沙床催芽或短途运输。1—5 ℃可贮藏2个月，建议即采即播。

图5-2 楠木实生种子园（广西融水）

图 5-3　楠木采种（重庆江津）

图 5-4　楠木果实（重庆江津）

图 5-5　楠木种子

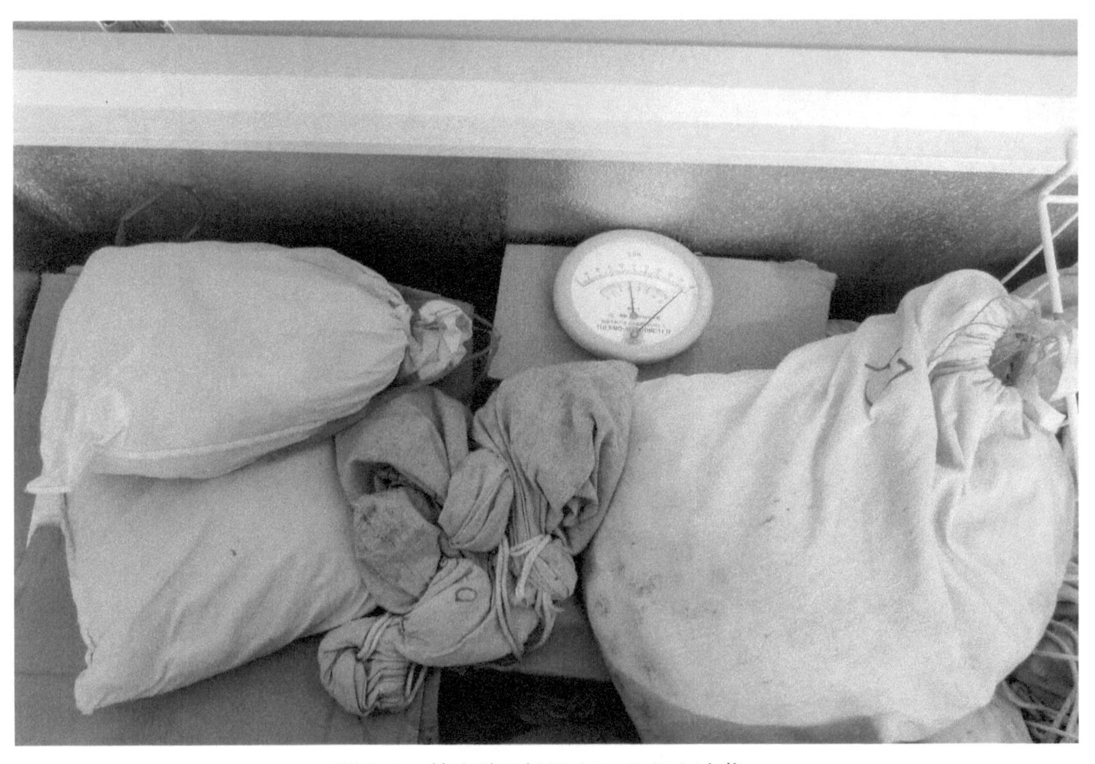

图 5-6　楠木种子低温（1—5 ℃）冷藏

第六章

金丝楠木壮苗培育

6.1 圃地选择

金丝楠木幼苗耐荫，忌强光，圃地宜选择日照时间较短、排灌方便及交通运输方便之处。

6.2 芽苗培育

种子用3‰高锰酸钾溶液浸泡2小时后，用清水清洗干净，再用50 mg/kg ABT 6号生根粉或浓度为0.2%的萘乙酸溶液浸种2—3小时。将经过处理的种子在室外用沙床或椰糠为基质的育苗托内催芽，直至幼苗生长至5—8 cm。催芽沙床沙子，必须选择新鲜沙石，严禁使用陈旧沙。陈旧沙子，病菌多，催芽种子易染病。催芽时，需在沙床表面加盖塑料薄膜增温，加盖铁丝细网防鼠害。

图6-1 楠木播种前消毒处理

图 6-2 楠木沙床播种

图 6-3 楠木沙床催芽

6.3 育苗袋

选用无纺布袋。培育 1 年生小苗可采用 6 cm × 8 cm，育苗袋使用时间 1 年。1 年小袋苗换大袋培育 2 年生大袋苗，采用 15 cm × 18 cm 立体袋，育苗袋使用时间 2 年；直接用芽苗培育 2 年生大苗，可采用 13 cm × 16 cm 立体无纺布袋移苗。

6.4 基质

育苗基质可采用重型基质（黄心土或森林表土）、轻型基质（椰糠、谷壳、腐熟废菌渣或泥炭土等）和轻土混合型基质 3 类，优先选轻型基质。

轻型基质，选择菌渣、泥炭土或堆沤过的锯木屑，菌渣要添加适量的杀菌剂和杀虫剂，高温堆沤 4 个月以上方可使用。

重型基质，按黄心土或森林表土（99.5%）+ 复混肥（0.5%）的体积比配制，也可选黄心土或森林表土（90%）+ 腐熟农家肥（10%）。

轻土混合型基质，按黄心土或森林表土（40%）+ 发酵后的菌渣（40%）+ 塘泥（19.5%）+ 钙镁磷肥（0.5%）的体积比例配制。轻型基质比例应根据苗圃灌溉设施及造林需要适当调整，轻型基质比例过高，盛夏苗木易缺水。三伏天缺水，会造成嫩芽及叶片灼伤。日灼造成的伤害是不可逆的，受日灼苗木会逐步死亡，无法恢复生长。

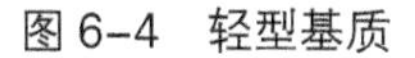
图 6-4　轻型基质

图 6-5　轻土混合型基质

6.5 一年生小袋苗培育

（1）育苗基质消毒

于移苗前 1 天，用 0.5% 的高锰酸钾溶液淋透育苗基质，并覆盖塑料薄膜。

（2）芽苗移栽

移栽时间，3 月下旬至 5 月上旬，当气温稳定回升在 20 ℃以上，芽苗高 5—8 cm 时即可移栽。移栽方法，用竹签在容器袋中央插 1 个小孔，深约 3 cm，将芽苗栽植于小孔内（如根系过长，可适当剪短），并及时淋水，保持基质湿润。移栽后每天浇水 1 次，天气干旱时则每天早晚各浇 1 次。

（3）施肥

当苗木长出 2—3 片叶后，结合除草松土，开始追肥。初次追肥，以腐熟麸饼水肥为主，也可施经过稀释的沼液或浓度为 0.2%—0.5% 的化学肥料，施肥后及时用清水冲洗幼苗叶面。6—9 月速生期追肥，每 15 天淋施浓度为 0.5%—1.0% 的 45% 硫酸钾型复混肥水溶液 1 次。

（4）遮阳

芽苗移栽后要及时加盖遮光度为 50%—60% 的遮阳网，直至 10 月才能撤除。温度高于 35 ℃时，中午应采用雾状喷灌降温。

山区或喷淋条件较差的，培育 1 年苗也可不加遮阳网，但夏季需加强水分管理。

图 6–6 楠木芽苗

图 6–7 芽苗移栽

图 6-8 直播无遮阳育苗（广西兴安）

（5）除草

按照“除早、除小、除了”的原则，采用人工除草，清除容器内、床面和步道上的杂草。

图 6-9 楠木小袋苗（广西南宁）

图 6-10　楠木小袋苗（重庆永川）

图 6-11　楠木 1 年生小袋苗（广西融水）

图 6-12　楠木 1 年小袋苗（广西南宁）

图 6-13　崖楠 1 年生小袋苗（广西那坡）

6.6 二年生大袋苗培育

（1）移栽时间

春节前后至 4 月底，将 1 年生小苗移植于大袋培育。

（2）育苗袋

无纺布育苗袋，规格 15 cm × 18 cm 立体袋。

（3）育苗基质

在灌溉条件好的圃地可选择泥炭土 + 菌渣或泥炭土 + 堆沤过的锯木屑，均按体积比例 3 ∶ 1 配制。若圃地缺乏喷灌条件，可用表土或黄心土做基质。

（4）苗木管理

与培育 1 年生小苗管理基本相似，可稍粗放，无须遮阳。

图 6–14　大袋苗培育轻土基质装袋（广西融水）

图 6-15　用 1 年苗上袋培育 2 年楠木苗（广西融水）

图 6-16　楠木 2 年生大袋苗（广西融水）

图 6-17　楠木 2 年生大袋苗（广西融水）

第七章
金丝楠木造林

7.1 适生区域及立地选择

根据金丝楠木各树种分布范围，选择适宜的气候区域和造林立地。根据我们掌握的资料，各个树种推荐造林区域和造林立地见表 7–1。

表 7–1　金丝楠木造林区域与造林立地选择

树种	造林区域	造林立地
楠木	福建、江西、湖南、贵州、重庆、四川、广西、广东、浙江南部、湖北南部	杉木立地指数 14 以上
细叶楠	四川、贵州、陕西南部、云南北部	土壤肥沃，杉木立地指数 14 以上
紫楠	浙江、安徽、江西、湖南、湖北	土壤肥沃，杉木立地指数 14 以上
浙江楠	浙江、江西东北部、福建北部	杉木立地指数 14 以上
红毛山楠	海南、广西南部	酸性土，土壤肥力中等及以上
乌心楠	海南、广西南部	酸性土，土壤肥力中等及以上
崖楠	广西南部、海南	棕色石灰土、酸性红壤、赤红壤、砖红壤

以楠木为例，造林立地要求与杉木相近，杉木立地指数 14 及以上即可。选择土壤为非石灰质母岩发育的酸性至中性的红壤、黄壤、黄红壤及赤红壤，土层厚度大于 40 cm，肥沃疏松、有机质丰富、通透性良好，立地等级为Ⅰ类、Ⅱ类。

7.2 整地

可选用全面整地、带状整地或块状整地，以全面整地最佳，但喀斯特石灰岩山地造林仅能进行块状整地。全面整地，秋、冬季全面砍杂灌，炼山清理。带状整地，仅适合杂灌较稀薄的造林地，按 3 m 带宽，依山体，1.5 m 宽为堆放杂草，另外 1.5 m 为干净带，在干净带内挖穴。穴垦，穴规格为 50 cm × 50 cm × 30 cm。

根据我们进行的楠木不同整地和抚育方式试验发现，楠木不同整地与抚育方式，幼林生长有差异，生长情况排序为全垦整地 + 全铲抚育 > 带状整地 + 全铲抚育 > 明穴整地 + 扩大穴抚育 > 明穴整地 + 全铲抚育。综合考虑水土流失、造林成本等因素，建议采用明穴整地 + 扩大穴抚育模式造林，该模式成本低，造林效果好，造林成活率 100%，保存率 98%，2 年生树高 2.45 m。

图 7–1　不合格的栽植穴 1

图 7–2　不合格栽植穴 2

图 7-3　不合格栽植穴 3

图 7-4　不合格栽植穴 4

图 7-5　合格栽植穴 1（50 cm×50 cm×30 cm）

图 7-6　合格栽植穴 2（60 cm×50 cm×40 cm）

7.3 施基肥

每穴施放钙镁磷肥 250—500 g，再回填表土至半穴并进行土肥搅拌，最后回心土至高于穴面 2—3 cm。

图 7-7　施基肥

图 7-8　回穴土 + 拌基肥

图 7-9　合格栽植穴栽植效果

7.4 造林密度

株行距为（2 m×3 m）—（3 m×3 m）或密度控制在 1111—1667 株 /hm^2。2 年生大袋苗造林，可选用 3 m×3 m 造林密度。

7.5 造林季节

2—4 月，造林季宜早。

7.6 苗木选择与苗木运输

可选择 2 年苗或 3 年容器苗造林，优先选择 2 年无纺布大袋苗造林，弃用 1 年生小袋苗造林。根据我们进行的楠木不同苗龄造林试验结果，2 年大袋苗造林，能显著提高幼林生长，较 1 年生小袋苗造林，2 年后树高、胸径生长量分别提高 30.57% 和 185.11%，降低造林成本约 29.94%。

选择Ⅰ、Ⅱ级苗造林，严重窝根、生长势差的苗坚决弃用。苗木规格，苗高 65 cm 以上，地径 0.65 cm 以上。

图 7–10　不合格苗木栽植

图 7–11　楠木优质大袋苗

图 7-12　使用 1 年小袋苗造林 2 年效果（广西融水）

图 7-13　使用 2 年大袋苗造林 2 年效果（广西融水）

栽植前将苗木运输至造林地。苗木起运1天，对苗木淋足水分；苗木装运时，需将苗木有序叠加，有助保持土团完整。严禁用编织袋包装。

图 7-14 苗木正确的装运方法

图 7-15 错误的装运办法

7.7 造林模式

（1）人工纯林

金丝楠木多数树种生长快，选择肥沃立地，营造人工纯林，集约经营，初植密度建议采用株行距为 2 m×3 m 或 3 m×3 m，即 1111—1667 株 /hm^2，不断间伐，到约 20 年时保留约 300 株 /hm^2，培育大径材，25—30 年采伐。

图 7-16 楠木纯林（2 年，广西贺州）

图 7-17 浙江楠纯林（9 年，浙江庆元）

（2）混交造林

自然生长的金丝楠木，多为常绿阔叶林主要建群种，有的树种能成为优势种，自然生长状态可与多个树种混生。人工造林，除营造纯林外，还可选择与杉木、马尾松或木荷等树种混交造林。株间或行间混交，混交比例1∶1或2∶1。混交方式，几个混交树种同时造林或在其他树种幼林内补栽金丝楠木。

图7-18　楠木与杉木混交林（3年，广西融水）

图7-19　楠木与杉木混交林（4年，广西融水）

图 7-20　马尾松幼林套栽楠木（1 年，广西乐业）

（3）林相改造

间伐杉木、马尾松、阔叶林或主伐桉树（杉木）适当保留桉树（杉木）萌条，采用均匀间伐或天窗模式间伐，保留郁闭度为 0.3—0.5。全面清理林地灌草，砍倒、平铺于林地。每公顷栽植 750—1200 株金丝楠木，均匀分布式造林或斑块式造林。推荐采用斑块式造林，斑块直径为 3—4 m，每个斑块内栽植 5—8 株金丝楠木。穴状整地，穴规格为 60 cm × 60 cm × 40 cm。

图 7-21　疏伐乔木林，将郁闭度调整为 0.3—0.4（广西融水）

图 7-22 利用楠木进行杉木林相改造（1 个月，广西融水）

图 7-23 利用楠木进行杉木林相改造（3 年，广西融水）

图 7-24　利用楠木进行杉木林相改造（5 年，福建顺昌）

图 7-25　利用楠木进行桉树林相改造（2 年，广西贺州）

图 7–26　利用楠木进行桉树林相改造（3 年，广西贺州）

（4）四旁植树

金丝楠木树干通直，树冠浓密，树叶光亮，落叶少，嫩叶嫩枝色彩丰富，为优良四旁绿化树种，近年为各地普遍采用。广西林业部门于 2021 年发文，进行乡村绿化，将楠木作为首选树种，规模用于四旁绿化。

金丝楠木小苗抗性差，四旁植树要使用 3 年生以上大袋苗，成本低，绿化效果好。

图 7–27　楠木绿化大袋苗培育

图 7-28 楠木绿化大袋苗培育

图 7-29 楠木绿化大袋苗（左，树龄 3 年）

图 7-30　楠木春季嫩叶（树龄 3 年，广西柳州）

图 7-31　楠木庭院绿化（树龄 32 年，湖南永州金洞管理区）

图 7–32　楠木庭院绿化（树龄 15 年，湖南永州金洞管理区）

图 7–33　楠木公路绿化（树龄 12 年，湖南永州金洞管理区）

7.8 栽植

选择雨后土壤湿润时栽植，栽植前一天将苗木淋透。去除塑料质育苗容器，保持土团完整并将苗木置于定植穴内，回土将原土团四周泥土踩实，再盖一层 3—5 cm 厚的细土。

若育苗袋为使用期 1—2 年的可自然降解无纺布袋，造林时则无须去袋。对于使用期 3 年以上才能降解的布袋，栽植时需除去育苗袋。

造林后一个月内进行查苗，对成活率低于 90% 的进行补苗。

7.9 抚育管理

栽植后 3 年内，每年抚育 2 次。抚育时间安排在楠木生长高峰季节到来之前，即第 1 次抚育在 4—5 月，第 2 次在 8 月。每年第 1 次为扩穴抚育，第 1 年将栽植穴扩大至 80 cm × 80 cm，第 2 年将栽植穴扩大至 100 cm × 100 cm，第 3 年将栽植穴扩大至 120 cm × 120 cm。

施肥。追肥时间为每年 4—5 月。采用沟施法，在穴边两侧挖深 8—10 cm 的施肥沟，每株施 45% 硫酸钾型复合肥 150 g，施肥后及时覆土。

图 7–34　全面铲草抚育 1（广西融水）

图 7-35　全面铲草抚育 2（广西融水）

图 7-36　抚育不及时的楠木新造林 1

图 7-37　抚育不及时的楠木新造林 2

图 7-38　幼树施肥

图 7-39　扩穴抚育 1

图 7-40　扩穴抚育 2

图 7-41　高质量抚育楠木生长效果（1 年，广西南宁）

图 7-42　高质量抚育楠木生长效果（2 年，广西融水）

7.10 修枝

修枝主要是将树冠下部受光较少的枝条除掉。修枝要保持树冠相当于树高的2/3。过多修枝会丧失一部分制造营养物质的树叶，从而影响树木生长。修枝季节宜在冬末春初。

图 7-43 未进行修枝，楠木多分枝，严重影响生长 1（广西贺州）

图 7-44 未进行修枝，楠木多分枝，影响生长 2（广西融水）

图 7-45　楠木修枝后的效果（广西融水）

第八章 金丝楠木病害管理

金丝楠木，除楠木规模栽培外，其他几个树种栽培量较少；除冻害、高温日灼伤害外，有害生物产生的危害及防治措施有待深入研究。

8.1 楠木叶斑病

叶斑病为楠木叶部主要病害，遍布各楠木育苗基地及幼龄林分布区，特别是新造幼林。楠木叶斑病染病初期受害部位出现红褐色圆形斑点，向外扩展，由许多小病斑块融合成不规则的大斑，最后导致叶片退绿，严重时导致其死亡。叶斑病主要发生在3年以下新造林，3年以后少见叶斑病发生。楠木叶斑病主要由小孢拟盘多毛孢（*Pestalotiopsis microspora*）、胶孢炭疽菌（*Colletotrichum gloeosporioides*）等病原菌引起。

全光照更利于菌株的生长。楠木早期稍耐荫，应避免楠木幼苗栽植在光照较强的地块，或在幼苗栽植过程中加强抚育，促进幼树生长，可减少楠木叶斑病的发生。林下栽植楠木，林内光照较弱，少见叶斑病发生。

8.2 楠木溃疡病

溃疡病为楠木常见病害，主要危害幼树。该病是由粉红粘帚霉（*Cliocladium roseum*）引发的一种枝干病害。该病引起染病枝条干枯，严重时会导致整株枯死。

高温高湿以及高郁闭度易使楠木发生溃疡病，故在幼林抚育时应注意通风透气，控制温湿度，防止病害发生。

图 8-1　楠木叶斑病（广西融水）

图 8-2　楠木溃疡病（广西贺州）

第九章
金丝楠木价值及利用

金丝楠木作为我国特有的珍贵用材，具有木材性能好、商业价值高等优点。同时，金丝楠木拥有历史文化传承、艺术收藏等价值，是颇受市场欢迎的珍贵用材，也是社会经济发展所需的一种资源。

9.1 木材价值

金丝楠木主要产品为木材，其木材来源为国内已知能规模栽培的高价值用材树种中木材价格较高的一类树种。根据我们调查，木材价格约为 20000—50000 元 / 吨。贵州思南 1 株千年楠木断枝，材积约 8.511 m^3，虽然木材不直，断口不平，撕裂严重，但是仍以 41 万元人民币售出，单价达 48172.95 元 /m^3。广西百色岑王老山自然保护区，2012 年发生盗伐楠木案，盗伐木鲜材装车价 16 元 /kg，鲜材比重按 1.3 g/cm^3 计，单价达 20800.00 元 /m^3。广西富川朝东镇蚌贝村 1 株楠木风灾木，树木胸径约 40 cm，树高 18 m，整株拍卖，售价 53000.00 元 /m^3，单价达 52475.25 元 /m^3。

金丝楠木与降香黄檀等红木类树种比较，金丝楠木心边材无明显区别，能全材利用，且生长快、成材期短。以楠木为例，广西富川楠木天然林 50 年平均胸径 40 cm，湖南永州金洞管理区庭院绿化楠木 32 年胸径 47.4 cm，已为优质大径材，单株售价在 5 万元人民币以上。

图 9–1　楠木断枝，1 个断枝以 41 万元人民币售出（贵州思南）

9.2 建筑利用

金丝楠木作为我国“国木”，自古以来就有“帝王木”之称，从秦始皇修建金碧辉煌的阿房宫开始就有关于金丝楠木的记载。北京故宫三大殿太和殿、中和殿、保和殿，北京天坛祈年殿殿内有 28 根大柱都是金丝楠木，明长陵祾恩殿、大慈真如宝殿、易县清西陵慕陵、承德避暑山庄澹泊敬诚殿木质部分都是以金丝楠木为主。承德避暑山庄澹泊敬诚殿为康熙年间所建，起初不是金丝楠木。乾隆十九年（1754 年），乾隆用金丝楠木改建，不施彩绘，保持楠木本色。从此，澹泊敬诚殿有了“楠木殿”这个别称。

清代的宫殿建筑、帝王龙椅宝座都选用优质金丝楠木制作，若民间有人擅自使用，会因逾越礼制而获罪。据《清史稿》记载，嘉庆皇帝判处权臣和珅的 20 条罪状中，第 13 条是“所钞家产，楠木房屋僭侈逾制，仿照宁寿宫制度，园寓点缀与圆明园蓬岛、瑶台无异”。因此，民间金丝楠木建筑不多。然而，根据网络报道及我们考察，在我国南方多地，当地村民就地取材，采用金丝楠木木材建成木制建筑。有网络消息称，湖北来凤县大河镇拦马山村、江西宜丰县城南观前巷、贵州习水县有规模不等的金丝楠木民房。考察中我们也听闻贵州思南有金丝楠木民房，在广西靖西、那坡石山区群众喜欢用崖楠作房屋。当地村民反映，石山区自然生长的崖楠，20 年平均胸径约 25 cm，能用于房屋建筑。崖楠木材材性稳定，不裂不翘，菌不腐，虫不蛀。近些年，随着现代建筑材料普及，崖楠木质建筑逐步拆除，但群众仍将横梁、柱等崖楠材料收集于屋内。我们发现一农户家收藏于猪棚内约 20 根崖楠木材，存放了近 20 年，虽环境极潮湿，但木材不见菌腐虫蛀。

图 9–2　木屋拆下的崖楠木材，堆放于猪栏内达 20 年

9.3 家具利用

金丝楠木木性稳定，不裂不腐，也不会被虫蛀，还自带香味，经久耐用，颜色好看，纹理静雅，表面温润光泽，是一种难得的优质木材。金丝楠木不仅是优质建材，也是高档家具用材。金丝楠木家具在清代宫殿陈设中占有重要的地位。紫禁城三大殿的宝座全部以楠木为胎，罩以金漆，髹饰龙纹，摆在中轴线的上宫殿内。例如，太和

殿内的金漆龙纹楠木宝座高踞在 7 层台级座基上，其通高 172.5 cm，座高 49 cm，座宽 158.5 cm，座前脚踏高 30 cm。宝座有一个“圈椅”式的椅背，也用金丝楠木制成，上面雕有生动形象的蟠龙，图案从中间向两侧扶手处逐渐走低，共有 13 条金龙盘绕，威严肃穆。

图 9-3　楠木桌子，代作厨柜

中国民间百姓，产区群众早已熟知利用金丝楠木制作家具的优点。广西资源县山区群众，用楠木木材制作桌子拖柜存放饭菜，蟑螂、蚂蚁不入。夏季，3 天内饭菜不变质，成为当地群众喜用的“土冰柜”。

图 9-4　崖楠家具，木材雕花

广西那坡、靖西群众，喜用崖楠木材制作碗柜、书桌、饭桌、凳椅等家具，耐用，虫不蛀，菌不腐。

图 9-5　崖楠小木凳（广西靖西）

金丝楠木，以材性稳定，自带香味，经久耐用，颜色亮丽，纹理静雅，已成为当今高档家具代表，广受群众喜爱。

图 9-6　楠木大床（广西融水）

图 9-7　楠木家具 1（广西南宁）

图 9-8　楠木家具 2（广西融水）

图 9-9　楠木家具 3（广西融水）

图 9-10　楠木家具 4（湖南江华）

9.4 根雕与雕刻利用

金丝楠木树根是优良根雕材料，直径 60 cm 以上金丝楠木树蔸，售价远高于树干，1 个树根蔸原胚售价 5 万元、10 万元人民币。广西融水某加工企业一个楠木根雕标价 300 万元人民币。金丝楠木 6 cm 以上尾材、枝丫材及直径 6 cm 以上的根系，常加工成佛珠等工艺品，商品价值极高。

图 9-11 罚没的楠木树蔸（贵州思南）

图 9-12 罚没的楠木树蔸（广西三江）

图 9-13　楠木树蔸（广西融水）

图 9-14　楠木根雕（广西融水）

图 9-15　楠木根雕工艺品（广西融水）

图 9-16　楠木根雕工艺品（广西融水）

9.5 医药利用

金丝楠木木材加工的木屑常作枕芯填充物使用，也可作为药物使用，具有镇静安神、清心祛火、芳香化湿的功效。金丝楠木全株含精油，楠木精油有益人体健康。丁文等（2017）研究发现，楠木精油主要成分为沉香螺旋醇、愈创木醇、γ－桉叶醇等，楠木精油对白血病 HL–60 细胞株、肺癌 A–549 细胞株、肝癌 SMMC–7721 细胞株、乳腺癌 MCF–7 细胞株和结肠癌 SW480 细胞株均有显著抑制活性。楠木精油在医药上的应用有广泛前途。

我们对采于广西富川、资源，四川峨眉的楠木及广西资源的紫楠鲜叶中的精油进行分析，结果表明广西资源紫楠、资源楠木、富川楠木鲜叶精油的组成与四川峨眉楠木鲜叶精油的组成差异较大，同样是楠木鲜叶精油，广西资源和富川两地之间的差异也很明显，这表明金丝楠木鲜叶精油组成受树种和地域影响较大。其中广西资源的紫楠鲜叶精油含量最高，资源楠木鲜叶精油组成与四川峨眉楠木鲜叶精油所含化合物最接近，两者精油组成中有 61.5% 的化合物相同。

附 录

附录1 植物中文名索引

（以笔画为序）

九画

十画

十一画

十二画

十三画

十四画以上

附录2　植物拉丁名索引

N

P

S

T